Ruby Jindal

Harmonia a partir de casa: Criando a combinação ideal de trabalho e vida pessoal

Ruby Jindal

Harmonia a partir de casa: Criando a combinação ideal de trabalho e vida pessoal

ScienciaScripts

Imprint

Any brand names and product names mentioned in this book are subject to trademark, brand or patent protection and are trademarks or registered trademarks of their respective holders. The use of brand names, product names, common names, trade names, product descriptions etc. even without a particular marking in this work is in no way to be construed to mean that such names may be regarded as unrestricted in respect of trademark and brand protection legislation and could thus be used by anyone.

Cover image: www.ingimage.com

This book is a translation from the original published under ISBN 978-620-7-64817-7.

Publisher:
Sciencia Scripts
is a trademark of
Dodo Books Indian Ocean Ltd. and OmniScriptum S.R.L publishing group

120 High Road, East Finchley, London, N2 9ED, United Kingdom
Str. Armeneasca 28/1, office 1, Chisinau MD-2012, Republic of Moldova, Europe
Printed at: see last page
ISBN: 978-620-7-72704-9

Índice

Prefácio

Bem-vindo a "Harmony from Home: Criando a combinação ideal de trabalho e vida pessoal". Nestas páginas, embarcamos numa viagem através do panorama dinâmico das oportunidades de trabalho à distância para homens e mulheres. À medida que o mundo evolui rapidamente, o mesmo acontece com as nossas noções de trabalho, carreira e estilo de vida. A ascensão do trabalho remoto representa uma mudança profunda na forma como encaramos o emprego, oferecendo flexibilidade, autonomia e liberdade sem precedentes para criar carreiras que se alinhem com as nossas paixões, prioridades e valores.

Este livro é um testemunho do poder transformador do trabalho remoto na reformulação da forma como vivemos e trabalhamos. Quer seja um profissional experiente à procura de novas oportunidades, um empresário em ascensão com a visão de construir o seu império a partir de casa, ou simplesmente alguém curioso sobre as possibilidades do trabalho remoto, este livro é o seu guia completo para navegar na paisagem virtual com confiança e objetivo. Através de uma análise perspicaz, conselhos práticos e histórias inspiradoras, vamos explorar as inúmeras formas como o trabalho remoto permite que os indivíduos prosperem nas suas carreiras, enquanto abraçam a riqueza da vida para além dos limites do escritório tradicional. Desde a identificação dos seus pontos fortes e paixões até à construção de uma carreira ou negócio remoto próspero, este livro fornece-lhe os conhecimentos, ferramentas e estratégias para ter sucesso na era digital.

Por

Dr. Ruby Jindal

(Universidade K.R.Mangalam, Gurugram)

Capítulo 1: A ascensão do trabalho remoto

Nos últimos anos, o panorama do trabalho sofreu uma profunda transformação, com o aumento do trabalho remoto a emergir como uma tendência definidora do século XXI. Outrora considerado um nicho reservado a um número restrito de pessoas, o trabalho remoto tornou-se agora um fenómeno generalizado, reformulando a forma como pensamos o emprego, a produtividade e a própria natureza do local de trabalho.

Evolução das oportunidades de trabalho remoto

A evolução das oportunidades de trabalho remoto é um testemunho do desejo inato da humanidade de flexibilidade, autonomia e equilíbrio nas suas vidas profissionais. Embora o conceito de trabalhar fora dos escritórios tradicionais remonte a séculos, só com a era digital é que o trabalho remoto ganhou verdadeiramente força e se tornou acessível a um público mais vasto.

Ao longo da história, as pessoas têm procurado formas de realizar as suas tarefas e deveres fora dos limites dos espaços de escritório tradicionais. Desde artesãos e artífices que trabalham em oficinas domésticas a comerciantes que fazem negócios na estrada, o desejo de se libertarem dos constrangimentos de um local de trabalho centralizado esteve sempre presente.

No entanto, só com o advento da tecnologia digital é que o trabalho remoto começou a florescer em maior escala. A proliferação da Internet de alta velocidade, dos dispositivos móveis e das ferramentas de colaboração revolucionou a forma como comunicamos, colaboramos e fazemos negócios. De repente, as barreiras geográficas tornaram-se obsoletas, uma vez que as pessoas podiam ligar-se e trabalhar em conjunto a partir de praticamente qualquer parte do mundo.

Tanto para os homens como para as mulheres, esta mudança abriu um mundo de possibilidades em termos de oportunidades de trabalho à distância. Praticamente todos os sectores e profissões oferecem agora oportunidades de trabalho à distância, desde o desenvolvimento de software e o design gráfico ao serviço de apoio ao cliente e à consultoria. O panorama digital democratizou o acesso ao trabalho, permitindo que os indivíduos sigam as suas paixões e interesses independentemente da sua localização.

Além disso, a flexibilidade inerente ao teletrabalho permitiu às pessoas encontrarem um equilíbrio harmonioso entre a sua vida profissional e pessoal. Quer se trate de cuidar de crianças ou de familiares idosos, de prosseguir os estudos ou simplesmente de desfrutar de uma melhor qualidade de vida, o trabalho à distância permite que as pessoas dêem prioridade ao que é mais importante para elas sem sacrificar as suas aspirações profissionais.

Na sua essência, a evolução das oportunidades de trabalho à distância representa uma mudança de paradigma na forma como conceptualizamos o trabalho e a noção tradicional de local de trabalho. Transformou a forma como abordamos o emprego, oferecendo uma liberdade e flexibilidade sem precedentes aos indivíduos e, simultaneamente, impulsionando a inovação e a eficiência na economia global.

À medida que continuamos a abraçar as possibilidades do trabalho remoto na era digital, é evidente que o futuro do trabalho é descentralizado, diversificado e dinâmico. Aproveitando o poder da tecnologia e adoptando disposições de trabalho flexíveis, indivíduos de todas as origens podem libertar todo o seu potencial e prosperar nos seus empreendimentos profissionais e pessoais.

Catalisadores da mudança para regimes de trabalho flexíveis

O rápido crescimento do trabalho à distância nos últimos anos pode ser atribuído a uma confluência de factores, cada um deles contribuindo para a adoção generalizada de modalidades de trabalho flexíveis. Entre estes catalisadores, os avanços tecnológicos destacam-se como um dos principais impulsionadores, revolucionando a forma como comunicamos, colaboramos e conduzimos os negócios.

(i)   Avanços na tecnologia

O advento da tecnologia digital tem sido fundamental para facilitar o trabalho remoto numa escala global. A proliferação da Internet de alta velocidade, dos dispositivos móveis e das ferramentas de produtividade baseadas na nuvem tornou mais fácil do que nunca trabalhar a partir de qualquer lugar com uma ligação à Internet.

As ferramentas de produtividade baseadas na nuvem, como o Google Workspace (antigo G Suite), o Microsoft Office 365 e o Slack, revolucionaram a colaboração, permitindo que as equipas partilhem documentos, comuniquem em tempo real e coordenem projectos sem problemas, independentemente da localização geográfica. As plataformas de videoconferência, como o Zoom, o Microsoft Teams e o Skype, melhoraram ainda mais a colaboração remota, proporcionando comunicação cara a cara e espaços de reunião virtuais.

Além disso, o software de gestão de projectos, como o Trello, o Asana e o Basecamp, simplificou os fluxos de trabalho e a gestão de tarefas, permitindo que as equipas se mantenham organizadas e produtivas, mesmo quando trabalham remotamente. Com estes avanços tecnológicos, o trabalho remoto tornou-se não só viável, mas também altamente eficiente e produtivo.

(ii) Mudança de atitudes em relação ao equilíbrio entre vida profissional e pessoal

Outro catalisador por detrás da mudança para disposições de trabalho flexíveis é a mudança de atitudes relativamente ao equilíbrio entre a vida profissional e pessoal. No mundo acelerado e interligado de hoje, as pessoas dão cada vez mais prioridade à flexibilidade, à autonomia e ao bem-estar nas suas carreiras.

Muitos trabalhadores já não vêem o modelo tradicional de escritório das nove às cinco como o único caminho para o sucesso. Em vez disso, procuram oportunidades que lhes permitam equilibrar as suas responsabilidades profissionais com a sua vida pessoal, quer se trate de passar mais tempo com a família, dedicar-se a passatempos ou simplesmente desfrutar de uma melhor qualidade de vida.

Também os empregadores reconheceram a importância de oferecer regimes de trabalho flexíveis para atrair e reter os melhores talentos. À medida que a concorrência por profissionais qualificados se intensifica, as organizações estão a adaptar-se para satisfazer as necessidades e expectativas em evolução da sua força de trabalho. Ao oferecer opções de trabalho à distância, as empresas podem atrair um maior número de candidatos e demonstrar o seu empenho na satisfação e bem-estar dos trabalhadores.

(iii) Influência das alterações demográficas

As alterações demográficas também desempenham um papel significativo na adoção do trabalho remoto. As gerações mais jovens, como os

Millennials e a Geração Z, estão a entrar no mercado de trabalho com expectativas e valores diferentes dos dos seus antecessores.

Estes nativos digitais estão habituados a utilizar a tecnologia em todos os aspectos das suas vidas e esperam flexibilidade e autonomia nas suas carreiras. Valorizam o equilíbrio entre a vida profissional e pessoal, o trabalho orientado por objectivos e as oportunidades de crescimento pessoal e profissional. Consequentemente, os empregadores estão a adotar cada vez mais o trabalho remoto como forma de atrair e reter os jovens talentos e de se manterem competitivos no mercado de trabalho em evolução.

Vantagens de trabalhar a partir de casa

O aumento do trabalho remoto inaugurou uma nova era de flexibilidade e oportunidade, trazendo uma miríade de benefícios tanto para os indivíduos como para as organizações. Vamos aprofundar estas vantagens:

Benefícios para os trabalhadores:

1. **Flexibilidade e equilíbrio entre vida profissional e pessoal**: O teletrabalho oferece uma flexibilidade sem paralelo, permitindo aos indivíduos gerir o seu tempo de forma mais eficaz e encontrar um equilíbrio entre a sua vida pessoal e profissional. Com a eliminação dos tempos de deslocação, os empregados ganham horas preciosas para passar com a família, dedicar-se a passatempos ou participar em actividades de desenvolvimento pessoal.

2. **Aumento da produtividade**: Sem as distracções do ambiente de escritório, os funcionários descobrem frequentemente que podem concentrar-se melhor e realizar mais em menos tempo. Ao criar um

espaço de trabalho personalizado que conduza à produtividade, os trabalhadores remotos podem otimizar o seu fluxo de trabalho e atingir os seus objectivos com maior eficiência.

3. **Aumento da satisfação no trabalho**: A autonomia e a independência proporcionadas pelo trabalho remoto contribuem para níveis mais elevados de satisfação no trabalho. Quando os indivíduos têm a liberdade de estruturar o seu dia de trabalho de acordo com as suas preferências e necessidades, sentem-se mais capacitados e realizados nas suas funções.

4. **Acesso a oportunidades globais**: O trabalho remoto transcende as fronteiras geográficas, permitindo aos indivíduos colaborar com colegas e clientes de todo o mundo. Esta conetividade global abre portas a diversas perspectivas, culturas e oportunidades de crescimento e desenvolvimento profissional.

Benefícios para as organizações:

1. **Poupança de custos**: O trabalho à distância pode resultar em poupanças de custos significativas para as organizações, reduzindo as despesas gerais associadas à manutenção de espaços físicos de escritório. Desde a renda e os serviços públicos até ao material e equipamento de escritório, o encargo financeiro de uma configuração de escritório tradicional é aliviado com acordos de trabalho à distância.

2. **Acesso a talentos de topo**: Ao adotar o trabalho remoto, as organizações podem aceder a um maior conjunto de talentos para além da sua proximidade imediata. Em vez de ficarem limitadas por restrições geográficas, as empresas podem recrutar indivíduos com

base nas suas competências, qualificações e adequação cultural, independentemente da sua localização.

3. **Aumento da produtividade e da eficiência**: O trabalho remoto conduz frequentemente a níveis mais elevados de produtividade e eficiência entre os colaboradores. Com menos distracções e interrupções, os trabalhadores remotos podem concentrar-se nas suas tarefas e apresentar resultados em tempo útil, impulsionando o sucesso global da organização.

4. **Retenção e satisfação dos colaboradores**: A oferta de opções de trabalho à distância aumenta as taxas de satisfação e retenção dos colaboradores. Ao proporcionar flexibilidade e autonomia, as organizações demonstram o seu empenho em apoiar o bem-estar e o equilíbrio entre a vida profissional e pessoal da sua força de trabalho, promovendo a lealdade e o envolvimento.

Em suma, o aumento do trabalho remoto representa uma mudança transformadora na forma como conceptualizamos o emprego e a noção tradicional de local de trabalho. Ao adotar disposições de trabalho flexíveis, tanto os indivíduos como as organizações podem beneficiar de uma maior flexibilidade, produtividade e bem-estar geral. À medida que navegamos nesta nova era do trabalho, compreender e aproveitar as oportunidades apresentadas pelo trabalho remoto será fundamental para prosperar num cenário profissional em constante evolução.

Na era digital, dominar a arte de trabalhar a partir de casa exige mais do que apenas um computador portátil e uma ligação à Internet. Implica a criação de um ambiente propício, a gestão eficaz do tempo e a superação dos desafios comuns associados ao trabalho remoto. Vamos aprofundar as dicas e estratégias práticas para o ajudar a prosperar na paisagem virtual.

Criar um espaço de escritório em casa produtivo

O seu escritório em casa é o seu santuário para a produtividade e concentração. Eis como otimizar o seu espaço de trabalho:

1. **Escolha a localização correcta**: Selecionar o local perfeito para o seu escritório em casa é fundamental para criar um ambiente propício à produtividade e à concentração. Ao escolher um espaço, dê prioridade à privacidade e ao mínimo de distracções. Opte por uma divisão com uma porta que possa ser fechada para criar um espaço de trabalho dedicado e livre de interrupções. Para manter a concentração, evite áreas com muito movimento ou locais com muito ruído, como a cozinha ou a sala de estar. Além disso, certifique-se de que o espaço é confortável e propício a períodos de trabalho prolongados, tendo em conta factores como a temperatura, a ventilação e as opções de lugares sentados. Finalmente, sempre que possível, dê prioridade à luz natural, posicionando o seu espaço de trabalho perto de uma janela para maximizar a exposição à luz solar, o que pode melhorar o humor e a produtividade, reduzindo a dependência da iluminação artificial.

2. **Investir em mobiliário ergonómico**: O investimento em mobiliário ergonómico é essencial para manter o conforto e evitar o esforço

físico durante longas horas de trabalho. Ao selecionar mobiliário ergonómico, dê prioridade a artigos que apoiem uma boa postura e reduzam o risco de desconforto ou tensão. Escolha uma cadeira com altura ajustável, apoio lombar e apoios para os braços para promover uma postura correcta e reduzir o risco de dores nas costas. Além disso, opte por uma secretária que permita uma ergonomia adequada, com espaço suficiente para o seu computador, teclado e outros itens essenciais. Certifique-se de que a altura da secretária é ajustável para se adaptar à sua posição sentada e minimizar a tensão nos seus pulsos e ombros. Ao investir em mobiliário ergonómico, pode criar um espaço de trabalho que apoia a sua saúde e bem-estar, maximizando a produtividade.

3. **Assegurar uma iluminação adequada**: Uma iluminação adequada é crucial para criar um espaço de trabalho confortável e produtivo. Para garantir uma iluminação adequada no seu escritório em casa, considere factores como a luz natural, a iluminação de tarefas e a redução do encandeamento. Posicione o seu espaço de trabalho perto de uma janela para maximizar a exposição à luz natural, o que pode melhorar o humor e a produtividade, reduzindo a dependência da iluminação artificial. Complemente a luz natural com iluminação de trabalho, como candeeiros de secretária ou candeeiros suspensos com definições de brilho ajustáveis, para reduzir o cansaço visual e melhorar a visibilidade, especialmente durante as sessões de trabalho nocturnas. Além disso, posicione o seu espaço de trabalho longe de fontes de encandeamento, como a luz solar direta ou superfícies reflectoras, e utilize cortinas, persianas ou ecrãs antirreflexo para minimizar o encandeamento e criar um ambiente de trabalho confortável.

4. **Organizar e desorganizar**: Manter um espaço de trabalho sem desordem é essencial para promover a concentração, a produtividade e a clareza mental. Para organizar e organizar o seu escritório em casa de forma eficaz, invista em soluções de armazenamento, como prateleiras, armários ou sistemas de arquivo, para manter o seu espaço de trabalho arrumado e organizado. Utilize contentores, caixas ou organizadores de gavetas para categorizar e armazenar itens de forma eficiente, reduzindo a desordem visual e criando um sentido de ordem. Desenvolva o hábito de arrumar o seu espaço de trabalho no final de cada dia para evitar a acumulação de desordem, arquivar documentos, limpar superfícies e eliminar quaisquer itens desnecessários para manter um ambiente limpo e organizado. Ao adotar uma abordagem minimalista à decoração e ao mobiliário, pode criar um espaço de trabalho simples e funcional que promove a produtividade e o bem-estar.

5. **Personalize o seu espaço**: Acrescentar toques pessoais ao seu escritório em casa pode aumentar o conforto, a inspiração e a criatividade. Incorpore elementos como plantas, obras de arte ou pormenores decorativos que reflictam a sua personalidade e estilo, criando um espaço que seja convidativo e inspirador. Coloque fotografias de pessoas queridas ou memórias significativas para criar uma sensação de calor e ligação no seu escritório em casa, rodeando-se de rostos familiares que proporcionam conforto e motivação. Crie um quadro de inspiração ou de visão com imagens, citações ou objectivos que o inspirem e energizem, utilizando-o como um lembrete visual das suas aspirações e sonhos. Por fim, inclua itens de conforto, como cobertores aconchegantes, almofadas ou uma caneca favorita para tornar o seu espaço de trabalho acolhedor e convidativo, proporcionando conforto e relaxamento

durante as pausas ou momentos de stress. Ao personalizar o seu espaço, pode criar um ambiente de escritório em casa que promove a produtividade, a criatividade e o bem-estar.

Gerir o tempo de forma eficaz e manter o equilíbrio entre a vida profissional e pessoal

A gestão do tempo é fundamental para equilibrar as responsabilidades profissionais com a vida pessoal. Siga estas estratégias para maximizar a produtividade e preservar o seu bem-estar:

1. **Estabelecer uma rotina**: O estabelecimento de uma rotina é fundamental para o sucesso do trabalho a partir de casa. Comece por definir horários de trabalho consistentes, incluindo horas de início e fim, intervalos e horas de refeição. Esta estrutura fornece um enquadramento para o seu dia, ajudando-o a delimitar o tempo de trabalho e de lazer. Ao manter uma rotina, cria uma sensação de previsibilidade e estabilidade no seu dia de trabalho, o que pode aumentar a produtividade e reduzir o stress.

2. **Dar prioridade às tarefas**: A atribuição eficaz de prioridades às tarefas é essencial para gerir o seu volume de trabalho e manter-se concentrado no que é mais importante. Comece por identificar as suas tarefas mais importantes e atribua tempo para as realizar primeiro. Utilize ferramentas como listas de tarefas ou software de gestão de projectos para organizar as tarefas por urgência e importância, garantindo que se concentra nos itens de alta prioridade. Ao dar prioridade às tarefas, pode utilizar melhor o seu tempo e garantir que os prazos importantes são cumpridos.

3. **Estabeleça limites**: Estabelecer limites é crucial para manter o equilíbrio entre a vida profissional e pessoal e evitar o esgotamento

quando se trabalha a partir de casa. Comunique claramente a sua disponibilidade aos colegas, clientes e familiares para evitar interrupções durante o tempo de trabalho. Estabeleça limites em relação ao horário de trabalho e resista à tentação de se estender demasiado para além do horário de trabalho designado. Ao estabelecer limites, pode criar uma sensação de separação entre a vida profissional e a vida pessoal, permitindo-lhe participar plenamente em ambas sem se sentir sobrecarregado.

4. **Faça pausas regulares**: Fazer pausas regulares é essencial para manter a concentração, a produtividade e o bem-estar geral. Programe pequenas pausas ao longo do dia para descansar, fazer alongamentos ou participar em actividades que recarreguem a sua energia e criatividade. Utilize as pausas como uma oportunidade para se afastar do seu espaço de trabalho, mexer o seu corpo e refrescar a sua mente. Ao incorporar pausas regulares no seu dia de trabalho, pode evitar o esgotamento, melhorar a concentração e aumentar a produtividade geral.

5. **Praticar o autocuidado**: Dar prioridade aos cuidados pessoais é fundamental quando se trabalha a partir de casa para garantir uma produtividade e um bem-estar sustentados. Reserve tempo para actividades que promovam a saúde física e mental, como exercício, meditação ou passatempos. Incorpore intervalos regulares de movimento no seu dia para combater o comportamento sedentário e reduzir o stress. Além disso, dê prioridade a um sono adequado, a uma alimentação saudável e à hidratação para apoiar o seu bem-estar geral. Ao dar prioridade aos cuidados pessoais, pode reabastecer as suas reservas de energia, reduzir o stress e manter uma mentalidade positiva, permitindo-lhe prosperar no seu ambiente de trabalho remoto.

Superar os desafios comuns associados ao trabalho remoto

O trabalho à distância apresenta desafios únicos que podem prejudicar a produtividade e o bem-estar. Eis como ultrapassar os obstáculos mais comuns:

1. **Combater o isolamento**: Manter-se ligado aos colegas através de reuniões virtuais, chats de equipa e videochamadas é crucial para combater os sentimentos de isolamento. Além disso, procure ativamente oportunidades de participar em comunidades em linha ou redes profissionais relacionadas com o seu sector. A participação em eventos de networking virtual, webinars ou fóruns pode ajudar a fomentar ligações e proporcionar um sentimento de camaradagem. Pense em organizar pausas para café virtuais ou actividades de formação de equipas para manter as ligações sociais e combater os sentimentos de solidão.

2. **Minimizar as distracções**: A criação de um espaço de trabalho livre de distracções é essencial para manter a concentração e a produtividade. Para além de eliminar as distracções físicas, como as tarefas domésticas ou a televisão, considere implementar estratégias para minimizar as distracções digitais. Utilize aplicações de produtividade ou extensões de browser para bloquear websites que distraem ou defina temporizadores para limitar a utilização das redes sociais durante o horário de trabalho. Os auscultadores com cancelamento de ruído podem ajudar a bloquear o ruído de fundo e criar um ambiente de trabalho mais propício, permitindo-lhe manter-se concentrado nas suas tarefas.

3. **Combater a procrastinação**: Dividir as tarefas em passos mais pequenos e geríveis e estabelecer prazos é uma estratégia eficaz para ultrapassar a procrastinação. Crie uma lista de tarefas

detalhada com itens de ação específicos e prazos para manter o ritmo e a responsabilidade. Identifique as razões subjacentes à procrastinação, como o medo de falhar ou o perfeccionismo, e desenvolva estratégias para as abordar eficazmente. Considere a implementação de técnicas de gestão do tempo, como a Técnica Pomodoro, que envolve trabalhar em intervalos concentrados seguidos de pequenas pausas, para manter a produtividade e a motivação.

4. **Manter o equilíbrio entre a vida profissional e pessoal**: Estabelecer limites entre o trabalho e a vida pessoal é essencial para evitar o esgotamento e manter o bem-estar geral. Designe horas de trabalho específicas e crie uma distinção clara entre tempo de trabalho e tempo pessoal. Evite a tentação de trabalhar fora das horas designadas e dê prioridade ao tempo para relaxamento e actividades de lazer. Programe pausas regulares ao longo do dia para recarregar energias e desligar-se das tarefas relacionadas com o trabalho. Além disso, comunique a sua disponibilidade aos colegas e familiares para garantir o respeito pelo seu tempo e limites pessoais.

5. **Procure apoio quando necessário**: Não hesite em pedir apoio se estiver a debater-se com desafios do trabalho remoto. Fale com o seu chefe ou colegas para obter orientação e apoio, ou procure oportunidades de orientação na sua organização. Além disso, apoie-se em amigos, familiares ou profissionais de saúde mental para obter apoio emocional e encorajamento. Considere juntar-se a grupos de apoio online ou procurar sessões de terapia virtual, se necessário. Lembre-se de que procurar apoio é um sinal de força, e pedir ajuda pode fornecer informações e recursos valiosos para enfrentar os desafios do trabalho remoto de forma eficaz.

Em resumo, navegar no cenário virtual do trabalho remoto requer esforço intencional, resiliência e apoio. Ao implementar estratégias para combater o isolamento, minimizar as distracções, ultrapassar a procrastinação, manter o equilíbrio entre a vida profissional e pessoal e procurar apoio quando necessário, pode prosperar no ambiente de trabalho remoto, preservando o seu bem-estar e produtividade.

Capítulo 3: Abraçar a diversidade no trabalho à distância

Examinando como o trabalho remoto abre portas para pessoas de diversas origens

O trabalho à distância revolucionou o panorama do emprego, proporcionando oportunidades sem precedentes a indivíduos de diversas origens. Ao contrário dos escritórios tradicionais, o trabalho remoto elimina as barreiras geográficas, permitindo que pessoas de diferentes partes do mundo acedam a oportunidades de emprego anteriormente fora do seu alcance. Esta acessibilidade é particularmente benéfica para quem vive em zonas rurais ou mal servidas, onde as opções de emprego locais podem ser limitadas.

Além disso, o trabalho à distância apoia a inclusão ao acomodar indivíduos com diferentes necessidades e circunstâncias. Por exemplo, as pessoas com deficiência consideram frequentemente que os ambientes de trabalho à distância são mais adaptáveis às suas necessidades, permitindo-lhes trabalhar confortavelmente a partir das suas próprias casas, sem terem de se deslocar ou navegar em espaços de escritório inacessíveis. Da mesma forma, o trabalho remoto oferece maior flexibilidade para pais e cuidadores que precisam equilibrar responsabilidades profissionais com deveres familiares.

O aumento do trabalho remoto também incentiva a diversidade cultural nas equipas. As empresas podem contratar talentos de um conjunto global, reunindo indivíduos com diferentes perspectivas, experiências e competências. Esta diversidade promove a inovação e a criatividade, uma vez que os pontos de vista variados contribuem para uma resolução de problemas mais abrangente e para a geração de ideias. Ao adotar o trabalho remoto, as organizações podem cultivar uma força de trabalho mais inclusiva e dinâmica, impulsionando o sucesso individual e coletivo.

Apresentação de histórias de sucesso de homens e mulheres que prosperam em várias funções à distância

O trabalho à distância tem permitido a inúmeras pessoas alcançar o sucesso profissional, mantendo uma vida pessoal equilibrada e gratificante. Eis algumas histórias de sucesso inspiradoras de homens e mulheres que prosperam em várias funções à distância:

Sarah, programadora de software: Sarah fez a transição para o trabalho remoto após o nascimento do seu primeiro filho, procurando um equilíbrio entre as suas ambições profissionais e as responsabilidades familiares. Empregada por uma empresa de tecnologia sediada noutra cidade, rapidamente se apercebeu das imensas vantagens do trabalho remoto. A flexibilidade permitiu-lhe criar um horário que se adaptasse às necessidades do seu filho, atendendo aos compromissos familiares sem sacrificar o crescimento da sua carreira. Inicialmente, Sarah enfrentou desafios, tais como a definição de limites e a gestão eficaz do seu tempo. No entanto, com determinação e apoio do seu empregador, adaptou-se ao novo ambiente de trabalho.

A dedicação e o trabalho árduo da Sarah não passaram despercebidos. Assumiu projectos importantes, apresentando um trabalho de elevada qualidade que contribuiu para o sucesso da empresa. A sua capacidade de manter a produtividade enquanto trabalhava remotamente levou a uma merecida promoção. Este reconhecimento veio confirmar que o trabalho à distância não impediu a sua progressão na carreira, mas antes lhe permitiu prosperar. A história de Sarah exemplifica a forma como o teletrabalho pode permitir que os indivíduos alcancem um equilíbrio harmonioso entre a sua vida pessoal e profissional, realçando o seu potencial para promover o sucesso em diversas circunstâncias

Carlos, Diretor do Serviço de Apoio ao Cliente: Carlos, Gestor de Serviço ao Cliente: O Carlos, que vivia numa pequena cidade com oportunidades de emprego limitadas, descobriu o trabalho remoto como uma porta de entrada para uma carreira gratificante. Entrou para uma empresa internacional de comércio eletrónico como representante do serviço de apoio ao cliente, tirando partido das suas excepcionais capacidades de comunicação e dedicação para se destacar na sua função. O trabalho à distância permitiu a Carlos contornar as limitações geográficas da sua localização, abrindo portas a um mercado global.

O seu desempenho e empenho rapidamente chamaram a atenção dos seus supervisores, levando-o a ser promovido a Gestor de Serviço ao Cliente. Nesta nova função, Carlos gere uma equipa diversificada espalhada por diferentes fusos horários, demonstrando a sua liderança e adaptabilidade. O trabalho remoto não só proporcionou a Carlos uma carreira estável e gratificante, como também lhe permitiu contribuir significativamente para o crescimento da sua empresa. A sua história de sucesso sublinha o poder transformador do teletrabalho ao proporcionar oportunidades de carreira independentemente das restrições geográficas

Rina, designer gráfica: Rina, uma designer gráfica freelancer, abraçou a flexibilidade e a variedade que o trabalho remoto oferece. Trabalhando com clientes de vários sectores em todo o mundo, construiu uma carteira diversificada e impressionante. A liberdade de escolher projectos que se alinham com os seus interesses e pontos fortes permitiu a Rina aperfeiçoar as suas competências e mostrar a sua criatividade de formas únicas.

O trabalho remoto também permitiu à Rina viajar e trabalhar a partir de diferentes locais, enriquecendo as suas experiências pessoais e alargando a sua rede profissional. A sua capacidade de manter um padrão de excelência consistente enquanto trabalha à distância valeu-lhe uma reputação de fiabilidade e inovação. O percurso de Rina realça as oportunidades que o trabalho à distância oferece aos profissionais criativos para prosperarem nos seus próprios termos, promovendo o crescimento pessoal e profissional.

David, consultor de marketing: David mudou para o trabalho remoto para seguir a sua paixão pelas viagens, passando de um emprego tradicional de escritório para se tornar consultor de marketing. Tirando partido das ferramentas e plataformas digitais, estabelece ligações com os clientes a nível mundial, oferecendo estratégias de marketing e conhecimentos personalizados. A liberdade do trabalho à distância permitiu-lhe visitar mais de 30 países, combinando na perfeição as suas responsabilidades profissionais com o seu amor pela exploração.

Apesar dos desafios dos diferentes fusos horários e das diferentes necessidades dos clientes, David conseguiu construir um negócio de consultoria de sucesso. A sua capacidade de apresentar resultados e manter relações sólidas com os clientes solidificou a sua reputação no sector. A história de David é um testemunho da flexibilidade e das oportunidades que o trabalho remoto pode proporcionar, permitindo que os indivíduos atinjam os seus objectivos profissionais enquanto vivem um estilo de vida que se alinha com as suas paixões pessoais.

Abordar os estereótipos e preconceitos em torno dos papéis de género no trabalho à distância

Apesar das muitas vantagens do teletrabalho, os estereótipos e preconceitos em torno dos papéis de género podem ainda permear a esfera do teletrabalho. As noções tradicionais sobre os papéis dos géneros influenciam frequentemente as expectativas e as percepções dos trabalhadores à distância, especialmente quando se trata de equilibrar as responsabilidades profissionais e domésticas.

Por exemplo, as mulheres que trabalham à distância podem ser confrontadas com o pressuposto de que são as principais responsáveis pelas tarefas domésticas, o que conduz a uma distribuição injusta das expectativas de equilíbrio entre vida profissional e familiar. Este preconceito pode fazer com que as mulheres sejam consideradas menos dedicadas ou disponíveis para as suas funções profissionais. Tais pressupostos podem minar os contributos das mulheres e limitar o seu crescimento na carreira, uma vez que podem ser injustamente julgadas por darem prioridade às responsabilidades familiares a par do seu trabalho. Consequentemente, as mulheres podem enfrentar uma pressão adicional para provar o seu empenho e produtividade, o que pode levar a um aumento do stress e do esgotamento.

Os homens, por outro lado, podem deparar-se com estereótipos que os desencorajam de assumir responsabilidades de prestação de cuidados ou de trabalhar de forma flexível. Os papéis tradicionais de género apresentam muitas vezes os homens como os principais responsáveis pelo sustento da família, levando à perceção de que devem dedicar-se totalmente às suas funções profissionais sem ter em conta as responsabilidades familiares. Este facto pode perpetuar a noção de que o trabalho à distância é menos adequado para os homens, desencorajando-os a solicitar regimes de trabalho flexíveis ou a participar igualmente nas tarefas domésticas. Estes estereótipos podem impedir os homens de alcançar um equilíbrio saudável entre a vida profissional e a vida familiar e de participar plenamente na vida familiar.

A abordagem destes estereótipos exige um esforço consciente e um empenhamento organizacional. As empresas devem promover uma cultura inclusiva que valorize e apoie as diversas necessidades de todos os trabalhadores. A implementação de políticas que promovam a igualdade de oportunidades e desencorajem as suposições baseadas no género é crucial. Por exemplo, oferecer horários de trabalho flexíveis e licença parental a todos os trabalhadores, independentemente do género, ajuda a desafiar os papéis tradicionais de género e apoia um ambiente de trabalho mais equitativo. Estas políticas garantem que tanto os homens como as mulheres têm a oportunidade de equilibrar as responsabilidades profissionais e familiares sem receio de julgamentos ou repercussões na carreira.

Além disso, a sensibilização e a formação sobre preconceitos inconscientes podem ajudar os funcionários e os gestores a reconhecer e a atenuar os estereótipos baseados no género. Os programas de formação devem informar o pessoal sobre o impacto dos preconceitos na dinâmica do local de trabalho e fornecer estratégias para promover um ambiente inclusivo. Incentivar o diálogo aberto sobre os papéis dos géneros e os desafios enfrentados pelos trabalhadores remotos também pode promover a compreensão e a empatia entre os colegas.

Destacar diversas histórias de sucesso e modelos dentro da organização pode inspirar mudanças e promover uma mentalidade mais inclusiva. Apresentar as conquistas dos funcionários que conseguiram equilibrar com sucesso o trabalho remoto com as responsabilidades de prestação de cuidados pode desafiar os estereótipos e demonstrar a viabilidade de acordos de trabalho flexíveis. Ao celebrar essas histórias, as empresas podem criar uma cultura que valoriza a diversidade e reconhece as contribuições de todos os funcionários.

Em última análise, a adoção da diversidade no trabalho remoto envolve o reconhecimento e a resolução dos desafios únicos enfrentados por indivíduos de diferentes origens e a criação de um ambiente em que todos tenham a oportunidade de ter sucesso. Ao fazê-lo, as organizações podem aproveitar todo o potencial da sua força de trabalho diversificada, impulsionando a inovação, a produtividade e o sucesso geral. Um ambiente de trabalho remoto inclusivo não só beneficia os funcionários, proporcionando-lhes a flexibilidade e o apoio de que necessitam, como também aumenta a capacidade da organização para atrair e reter os melhores talentos de um conjunto diversificado de candidatos.

Em conclusão, a abordagem dos estereótipos e preconceitos no trabalho à distância é essencial para promover um ambiente de trabalho inclusivo e equitativo. Ao implementar políticas de apoio, aumentar a consciencialização e celebrar diversas histórias de sucesso, as organizações podem criar uma cultura de trabalho à distância que permita a todos os funcionários prosperar. Abraçar a diversidade no trabalho remoto não só aumenta o bem-estar individual e a satisfação no trabalho, mas também impulsiona o sucesso organizacional através de uma maior inovação e produtividade.

Capítulo 4: Oportunidades para os homens no trabalho à distância

Explorar uma gama de oportunidades de trabalho à distância adequadas aos homens

O trabalho à distância oferece um amplo espetro de oportunidades de emprego em vários sectores que são adequados para os homens. Desde funções técnicas a cargos criativos e de consultoria, os homens podem encontrar oportunidades de trabalho à distância que se enquadram nas suas competências e aspirações profissionais.

- **Tecnologia da Informação (TI)**

O sector das TI é um dos campos mais proeminentes para o trabalho à distância, oferecendo uma infinidade de oportunidades para os homens se desenvolverem em várias funções técnicas. A natureza inerente ao trabalho em TI, que envolve frequentemente tarefas como a codificação, a resolução de problemas e a gestão de sistemas, torna-o particularmente adequado para a execução remota. Esta compatibilidade é reforçada pelo facto de o sector depender de ferramentas e plataformas digitais, que permitem uma comunicação e colaboração sem descontinuidades e à distância.

Funções de elevada procura em TI

Programadores de software: O desenvolvimento de software continua a ser uma das funções remotas de TI mais procuradas. Os programadores podem trabalhar na criação e manutenção de aplicações de software a partir de qualquer lugar com uma ligação à Internet. As tarefas envolvem normalmente a escrita de código, o teste de software e a colaboração com outros programadores através de plataformas como o GitHub ou o GitLab. A flexibilidade do trabalho remoto permite aos programadores equilibrar o trabalho com os compromissos pessoais, mantendo uma elevada produtividade.

Administradores de sistemas: Os administradores de sistemas gerem e configuram os sistemas informáticos e as redes de uma organização. O trabalho remoto dos administradores de sistemas inclui a monitorização do desempenho do sistema, a gestão de servidores e a garantia da segurança da infraestrutura de TI. As ferramentas avançadas de acesso remoto e as redes privadas virtuais (VPNs) permitem que os administradores de sistemas desempenhem as suas funções de forma eficiente a partir de qualquer local.

Peritos em cibersegurança: A frequência e a sofisticação crescentes das ameaças cibernéticas aumentaram a procura de especialistas em cibersegurança. Estes profissionais concentram-se na proteção dos bens e informações digitais de uma organização. As funções remotas de cibersegurança envolvem a monitorização de redes para detetar violações de segurança, o desenvolvimento de protocolos de segurança e a resposta a incidentes. Com acesso a ferramentas e tecnologias de segurança avançadas, os especialistas em cibersegurança podem proteger eficazmente as suas organizações à distância.

Engenheiros de rede: Os engenheiros de rede concebem, implementam e gerem sistemas de rede para garantir uma conetividade fiável. O trabalho remoto para engenheiros de rede inclui tarefas como a configuração de routers e switches, a otimização do desempenho da rede e a resolução de problemas de rede. Utilizando ferramentas de gestão remota, os engenheiros de rede podem supervisionar e manter a infraestrutura de rede sem estarem fisicamente presentes.

Vantagens do trabalho remoto em TI

Acesso a tecnologia de ponta: Muitos profissionais de TI que trabalham remotamente têm acesso a tecnologia e recursos avançados a partir dos seus escritórios em casa. As empresas fornecem frequentemente o equipamento e o software necessários para garantir que os trabalhadores remotos se mantêm produtivos e eficazes. Este acesso inclui Internet de alta velocidade, computadores potentes e software especializado, que são cruciais para executar tarefas de TI complexas de forma eficiente.

Maior produtividade e flexibilidade: As funções remotas de TI permitem frequentemente horários de trabalho flexíveis, permitindo que os profissionais trabalhem durante as suas horas mais produtivas. A possibilidade de trabalhar a partir de casa elimina os tempos de deslocação, permitindo que os profissionais de TI se concentrem mais nas suas tarefas e alcancem um melhor equilíbrio entre a vida profissional e pessoal. Além disso, os ambientes de trabalho remoto podem reduzir as distracções comuns em ambientes de escritório tradicionais, aumentando ainda mais a produtividade.

Oportunidades globais: O trabalho remoto em TI abre oportunidades globais para os profissionais, permitindo-lhes trabalhar para empresas e clientes de diferentes partes do mundo. Este alcance global expande as perspectivas de carreira e proporciona exposição a diversos projectos e tecnologias. Os profissionais de TI podem colaborar com equipas internacionais, adquirindo experiência e conhecimentos valiosos que enriquecem as suas carreiras.

Poupança de custos: Trabalhar remotamente pode levar a poupanças de custos significativas tanto para os empregados como para os empregadores. Os profissionais de TI podem poupar nos custos de deslocação, vestuário de trabalho e refeições, enquanto os empregadores podem reduzir as despesas gerais relacionadas com o espaço de escritório e os serviços públicos. Estas poupanças podem ser reinvestidas no desenvolvimento profissional, melhorando ainda mais as competências e os conhecimentos dos trabalhadores de TI remotos.

Finanças: O sector financeiro oferece uma grande variedade de oportunidades à distância, o que o torna uma área atractiva para os homens que procuram flexibilidade e equilíbrio entre a vida profissional e pessoal. Várias funções no sector financeiro, como analistas financeiros, contabilistas, auditores e planeadores financeiros, são adequadas para execução remota devido à sua dependência da análise de dados, relatórios financeiros e serviços de consultoria a clientes. Aqui, vamos explorar as principais funções financeiras remotas e as vantagens que oferecem.

Funções de elevada procura em finanças

Analistas financeiros: Os analistas financeiros desempenham um papel crucial na avaliação das oportunidades de investimento, na análise das tendências do mercado e na avaliação do desempenho financeiro. Os analistas financeiros remotos utilizam ferramentas digitais e software para recolher e interpretar dados financeiros, criar relatórios detalhados e fornecer informações para ajudar as empresas a tomar decisões informadas. As plataformas de análise avançadas e as bases de dados financeiras permitem-lhes realizar estas tarefas de forma eficiente a partir dos seus escritórios em casa.

Contabilistas: Os contabilistas gerem e registam transacções financeiras, preparam demonstrações financeiras e asseguram o cumprimento das normas e regulamentos contabilísticos. Os contabilistas remotos podem aceder a software de contabilidade e a sistemas baseados na nuvem para efetuar a contabilidade, reconciliar contas e gerar relatórios financeiros. O seu trabalho envolve a introdução e análise de dados pormenorizados, que podem ser geridos eficazmente através do acesso remoto a sistemas financeiros.

Auditores: Os auditores examinam os registos financeiros e garantem a exatidão e a conformidade com as leis e os regulamentos. A auditoria remota tornou-se cada vez mais viável com o advento de plataformas seguras de partilha de dados e ferramentas de colaboração virtual. Os auditores podem analisar registos electrónicos, realizar entrevistas virtuais e preparar relatórios de auditoria sem a necessidade de visitas ao local. Esta flexibilidade permite aos auditores trabalhar com clientes a partir de vários locais, expandindo o seu alcance e a sua base de clientes.

- **Planeadores financeiros**

 Os planeadores financeiros fornecem aconselhamento personalizado aos clientes sobre a gestão das suas finanças, incluindo investimentos, planeamento da reforma e estratégias fiscais. Os planeadores financeiros remotos utilizam videoconferência, plataformas de comunicação seguras e software de planeamento financeiro para interagir com os clientes, avaliar os seus objectivos financeiros e desenvolver planos personalizados. A capacidade de trabalhar à distância aumenta a sua acessibilidade e conveniência para os clientes, promovendo relações mais fortes com os mesmos.

Vantagens do trabalho financeiro à distância

Acesso a dados financeiros e ferramentas analíticas: Os profissionais de finanças remotos dependem de ferramentas e plataformas digitais para aceder e analisar dados financeiros. O software de contabilidade baseado na nuvem, as bases de dados financeiras e as ferramentas de análise permitem-lhes desempenhar as suas funções de forma eficaz a partir de qualquer local. Estas ferramentas fornecem acesso a dados em tempo real, funcionalidades de colaboração e armazenamento seguro de dados, garantindo que o trabalho financeiro remoto é eficiente e seguro.

Maior produtividade e flexibilidade: As funções financeiras à distância oferecem uma flexibilidade significativa, permitindo aos profissionais estruturar os seus horários de trabalho em função dos compromissos pessoais e das horas de maior produtividade. A eliminação das deslocações pendulares liberta horas adicionais para trabalho concentrado, conduzindo a uma maior produtividade. Além disso, os ambientes de trabalho à distância proporcionam frequentemente menos distracções do que os escritórios tradicionais, permitindo que os profissionais de finanças se concentrem em análises financeiras complexas e tarefas de elaboração de relatórios.

Oportunidades globais: A capacidade de trabalhar remotamente abre oportunidades globais para os profissionais de finanças. Podem colaborar com clientes e empresas de diferentes regiões, alargando a sua rede profissional e ganhando exposição a diversos mercados e práticas financeiras. Este alcance global aumenta os seus conhecimentos e a sua capacidade de comercialização, tornando-os activos valiosos tanto para os empregadores como para os clientes.

Poupança de custos: O trabalho à distância no sector financeiro pode conduzir a poupanças substanciais tanto para os trabalhadores como para as entidades empregadoras. Os profissionais de finanças poupam em despesas de deslocação, vestuário de trabalho e refeições, enquanto os empregadores reduzem os custos gerais associados ao espaço de escritório, serviços públicos e recursos no escritório. Estas poupanças podem ser redireccionadas para o desenvolvimento profissional, actualizações tecnológicas e outros investimentos que melhorem a qualidade e a eficiência do trabalho financeiro à distância.

Melhoria do equilíbrio entre a vida profissional e pessoal: As funções financeiras à distância oferecem um melhor equilíbrio entre a vida profissional e pessoal, permitindo aos profissionais gerir as suas responsabilidades pessoais e profissionais de forma mais eficaz. A flexibilidade de trabalhar a partir de casa ou de outros locais de preferência reduz o stress e aumenta a satisfação no trabalho. Este equilíbrio contribui para um melhor bem-estar mental e físico, resultando em profissionais de finanças mais motivados e empenhados.

- **Consultoria**

A consultoria é um domínio em que o trabalho à distância não só é possível como está a prosperar. A natureza do trabalho de consultoria, que gira em torno da prestação de aconselhamento especializado e de perspectivas estratégicas, é adequada para a execução virtual. Os consultores em gestão, estratégia empresarial, recursos humanos e marketing podem tirar partido das ferramentas digitais para prestar os seus serviços de forma eficaz a partir de locais remotos. Esta secção explora as várias funções de consultoria à distância, as vantagens que oferecem e a forma como os profissionais podem ter sucesso neste ambiente dinâmico.

Funções de alta demanda em consultoria

Consultores de gestão: Os consultores de gestão ajudam as organizações a melhorar o seu desempenho, analisando os problemas existentes e desenvolvendo estratégias de melhoria. Os consultores de gestão remotos podem realizar reuniões virtuais com clientes, analisar dados utilizando ferramentas baseadas na nuvem e preparar relatórios estratégicos. Ao utilizarem plataformas de colaboração e software de gestão de projectos, podem gerir projectos de forma eficiente e fornecer informações práticas sem estarem no local.

Consultores de estratégia empresarial: Os consultores de estratégia empresarial fornecem aconselhamento de alto nível sobre posicionamento no mercado, análise da concorrência e planeamento a longo prazo. O trabalho remoto nesta área envolve a pesquisa de tendências do sector, a realização de análises SWOT e o desenvolvimento de planos estratégicos que os clientes podem implementar. As ferramentas de colaboração virtual e as plataformas de análise de dados permitem a estes consultores recolher informações, comunicar com as partes interessadas e apresentar as suas conclusões de forma eficaz.

Consultores de recursos humanos: Os consultores de RH oferecem conhecimentos especializados em áreas como o desenvolvimento organizacional, a gestão de talentos e as relações com os empregados. Os consultores de RH remotos podem realizar sessões de formação virtuais, desenvolver políticas de RH e aconselhar sobre as melhores práticas utilizando videoconferência e software de gestão de RH. Esta abordagem permite-lhes apoiar os clientes a nível global, enfrentando os desafios de RH e melhorando a eficácia organizacional.

Consultores de marketing: Os consultores de marketing são especializados em ajudar as empresas a desenvolver e implementar estratégias de marketing eficazes. Os consultores de marketing à distância podem criar campanhas de marketing digital, realizar estudos de mercado e analisar o desempenho das campanhas a partir dos seus escritórios em casa. Utilizando ferramentas e plataformas de marketing digital, podem colaborar com os clientes para aumentar a visibilidade da marca e promover o envolvimento dos clientes.

Vantagens da consultoria à distância

Alcance global e clientela diversificada: Uma das vantagens significativas da consultoria remota é a capacidade de trabalhar com clientes de todo o mundo. Este alcance global permite que os consultores adquiram experiências e conhecimentos diversos, aumentando a sua especialização e adaptabilidade. Trabalhar com uma vasta gama de clientes e sectores enriquece a base de conhecimentos dos consultores e permite-lhes enfrentar vários desafios de forma criativa.

Flexibilidade e Autonomia: A consultoria à distância oferece um elevado grau de flexibilidade e autonomia, permitindo aos consultores definir os seus horários e trabalhar a partir de locais à sua escolha. Esta flexibilidade pode conduzir a um melhor equilíbrio entre a vida profissional e pessoal, a uma maior satisfação no trabalho e à capacidade de gerir simultaneamente vários compromissos com clientes. Os consultores podem adaptar o seu horário de trabalho às necessidades dos clientes em diferentes fusos horários, assegurando uma prestação de serviços atempada e eficaz.

Poupança de custos: Os consultores remotos podem beneficiar de poupanças de custos significativas associadas à redução das despesas com viagens, espaço de escritório e deslocações. Estas poupanças podem ser reinvestidas no desenvolvimento profissional, em actualizações tecnológicas e noutras actividades que melhorem o negócio. Os clientes também beneficiam de honorários de consultoria mais baixos, uma vez que os consultores podem transferir algumas das poupanças, tornando os serviços de consultoria mais acessíveis.

Produtividade melhorada: O ambiente de trabalho remoto pode aumentar a produtividade, reduzindo as distracções do escritório e permitindo que os consultores se concentrem nas suas tarefas principais. As ferramentas digitais avançadas facilitam a análise eficiente de dados, a gestão de projectos e a comunicação com o cliente, simplificando o processo de consultoria. A capacidade de trabalhar numa configuração personalizada de escritório em casa contribui ainda mais para o aumento da eficiência e da produção.

Acesso a ferramentas e tecnologias avançadas: Os consultores remotos têm acesso a uma vasta gama de ferramentas e tecnologias digitais que apoiam o seu trabalho. O software de gestão de projectos, as plataformas de análise de dados e as ferramentas de comunicação virtual permitem que os consultores colaborem eficazmente com os clientes e os membros da equipa. Estas tecnologias também melhoram a qualidade e a rapidez da prestação de serviços, assegurando que os clientes recebem informações atempadas e valiosas.

Estratégias para ter sucesso na consultoria à distância

Construir uma forte presença online: O desenvolvimento de uma presença profissional online através de sítios Web, perfis do LinkedIn e plataformas específicas do sector é crucial para os consultores remotos. Uma presença online forte ajuda a atrair potenciais clientes, a demonstrar conhecimentos e a estabelecer credibilidade no sector. A atualização regular dos perfis com estudos de casos, testemunhos de clientes e conteúdos de liderança de ideias pode aumentar a visibilidade e a reputação.

Dominar a comunicação virtual: Uma comunicação virtual eficaz é essencial para os consultores remotos. O domínio de ferramentas como a videoconferência, as mensagens instantâneas e as plataformas de colaboração garante interacções suaves e eficientes com os clientes. Uma comunicação clara e concisa ajuda a criar confiança, a transmitir ideias complexas e a facilitar discussões produtivas.

Investir na aprendizagem contínua: Manter-se atualizado com as tendências da indústria, as tecnologias emergentes e as melhores práticas é vital para os consultores remotos. Investir na aprendizagem contínua através de cursos online, certificações e programas de desenvolvimento profissional melhora as competências e mantém os consultores competitivos. Este compromisso com a aprendizagem também demonstra uma dedicação em fornecer aos clientes os conselhos mais actuais e relevantes.

Desenvolver fortes capacidades de gestão de projectos: Os consultores remotos devem ser capazes de gerir vários projectos e clientes em simultâneo. O desenvolvimento de fortes competências de gestão de projectos, incluindo a gestão do tempo, a organização e a definição de prioridades, garante que os consultores conseguem cumprir os prazos e entregar um trabalho de elevada qualidade. A utilização de software de gestão de projectos ajuda a simplificar as tarefas e a manter os projectos no caminho certo.

Fomentar as relações com os clientes: Construir e manter fortes relações com os clientes é a chave para o sucesso na consultoria remota. Os check-ins regulares, a comunicação transparente e o fornecimento de valor consistente ajudam a fomentar a confiança e a lealdade. Ao compreender as necessidades e os desafios específicos dos clientes, os consultores podem adaptar os seus serviços para fornecer as soluções mais eficazes.

- **Funções criativas e de design**

As áreas criativas, como o design gráfico, a escrita, a edição de vídeo e o marketing digital, oferecem uma grande variedade de oportunidades à distância para os homens com talento criativo. Estas funções permitem que os profissionais trabalhem numa gama diversificada de projectos, desde a conceção de sítios Web e logótipos até à elaboração de conteúdos e campanhas de marketing convincentes. A natureza do trabalho criativo, que muitas vezes requer fortes competências técnicas, criatividade e capacidade de trabalhar de forma independente, torna-o particularmente adequado para a execução remota.

Funções criativas e de design muito procuradas

Designers gráficos: Os designers gráficos criam conteúdos visuais para comunicar mensagens de forma eficaz. Trabalham em projectos como branding, publicidade, web design e meios de comunicação impressos. Os designers gráficos remotos podem colaborar com clientes e equipas através de plataformas digitais, partilhando rascunhos de design e recebendo feedback em tempo real. Ferramentas como a Adobe Creative Cloud, o Sketch e o Figma permitem aos designers gráficos produzir trabalhos de alta qualidade em qualquer lugar.

Escritores e criadores de conteúdos: Os redactores e criadores de conteúdos desenvolvem material escrito para vários fins, incluindo marketing, jornalismo, documentação técnica e escrita criativa. Os redactores remotos podem utilizar software de processamento de texto, sistemas de gestão de conteúdos e ferramentas de colaboração para produzir e editar conteúdos. As plataformas de freelance e os quadros de empregos remotos oferecem inúmeras oportunidades para os redactores encontrarem clientes e projectos a nível mundial.

Editores de vídeo: Os editores de vídeo são responsáveis pela montagem de filmagens em bruto em conteúdo de vídeo polido. Trabalham em projectos como vídeos promocionais, filmes, documentários e conteúdos para redes sociais. Os editores de vídeo remotos utilizam software como o Adobe Premiere Pro, Final Cut Pro e DaVinci Resolve para editar vídeos, adicionar efeitos e sincronizar o áudio. A Internet de alta velocidade e as soluções de armazenamento na nuvem facilitam a partilha e a colaboração de grandes ficheiros de vídeo.

Especialistas em marketing digital: Os especialistas em marketing digital desenvolvem e executam estratégias de marketing online para promover produtos e serviços. O seu trabalho inclui a gestão de campanhas nas redes sociais, otimização de motores de busca (SEO), marketing por e-mail e publicidade pay-per-click (PPC). Os profissionais de marketing digital remotos utilizam ferramentas como o Google Analytics, o Hootsuite e o HubSpot para acompanhar o desempenho das campanhas, analisar dados e otimizar estratégias.

Vantagens do trabalho remoto de criação e design

Oportunidades de projectos diversificados: As funções criativas remotas oferecem a oportunidade de trabalhar numa vasta gama de projectos em vários sectores. Esta diversidade mantém o trabalho cativante e permite que os profissionais criativos construam um portfólio versátil. Os freelancers podem escolher projectos que correspondam aos seus interesses e conhecimentos, promovendo uma carreira mais gratificante.

Flexibilidade e Autonomia: Os profissionais criativos prosperam frequentemente em ambientes que oferecem flexibilidade e autonomia. O trabalho remoto permite-lhes definir os seus horários, trabalhar durante as horas mais produtivas e escolher o seu ambiente de trabalho. Esta flexibilidade pode levar a uma maior criatividade e inovação, uma vez que os indivíduos podem adaptar os seus espaços de trabalho de acordo com as suas preferências pessoais.

Acesso a clientes globais: O trabalho criativo remoto permite o acesso a clientes de todo o mundo, expandindo as redes e oportunidades profissionais. Trabalhar com clientes internacionais proporciona exposição a diferentes perspectivas culturais e estéticas de design, enriquecendo o processo criativo. Plataformas como Upwork, Fiverr e Behance ligam profissionais criativos a clientes globais que procuram os seus serviços.

Poupança de custos: Os profissionais criativos remotos podem poupar em deslocações, espaço de escritório e outras despesas relacionadas com o trabalho. Estas poupanças de custos podem ser investidas em melhor equipamento, software e desenvolvimento profissional. Para os freelancers, a redução dos custos gerais também pode resultar em preços mais competitivos, atraindo uma base de clientes mais alargada.

Melhoria do equilíbrio entre a vida profissional e pessoal: As funções criativas remotas oferecem a possibilidade de um melhor equilíbrio entre a vida profissional e pessoal. A possibilidade de trabalhar a partir de casa ou de outros locais de preferência reduz o stress e permite aos profissionais gerir os compromissos pessoais de forma mais eficaz. Este equilíbrio pode melhorar o bem-estar geral, conduzindo a uma maior satisfação no trabalho e a uma criatividade sustentada.

Estratégias para o sucesso em funções remotas de criação e design

Desenvolver um portefólio profissional: Um portefólio sólido que apresente os seus melhores trabalhos é essencial para atrair clientes e oportunidades de emprego. Inclua uma variedade de projectos que demonstrem as suas competências, criatividade e versatilidade. Actualize regularmente o seu portfólio com novos trabalhos e testemunhos de clientes para o manter atualizado e relevante.

Dominar as ferramentas digitais: A proficiência em ferramentas digitais e software é crucial para o sucesso em funções criativas remotas. Actualize continuamente as suas competências, aprendendo novas ferramentas e mantendo-se a par das tendências do sector. Os tutoriais, cursos e programas de desenvolvimento profissional online podem ajudá-lo a manter-se competitivo e a melhorar as suas capacidades técnicas.

Comunicação eficaz: Uma comunicação clara e consistente é vital para o trabalho criativo à distância. Utilize ferramentas de gestão de projectos e de colaboração para manter os clientes e os membros da equipa informados sobre o progresso do projeto. Defina expectativas relativamente a prazos, feedback e revisões para garantir fluxos de trabalho suaves e eficientes.

Networking e marketing: Construir uma rede profissional forte pode levar a mais oportunidades e colaborações. Utilize as redes sociais, as comunidades em linha e as redes profissionais para estabelecer contactos com outros profissionais criativos e potenciais clientes. Comercializar os seus serviços através de um sítio Web profissional, presença nas redes sociais e portefólios online pode ajudá-lo a alcançar um público mais vasto.

Gestão do tempo e disciplina: O trabalho criativo remoto requer uma excelente gestão do tempo e auto-disciplina. Estabeleça uma rotina, defina objectivos claros e utilize ferramentas de produtividade para se manter organizado. Divida os projectos em tarefas geríveis e defina prazos para manter o ritmo e satisfazer as expectativas dos clientes.

- **Educação e formação**

O surgimento da educação online revolucionou o campo da educação e da formação, criando inúmeras oportunidades remotas para homens com conhecimentos em matérias ou competências específicas. Educadores e formadores podem agora lecionar cursos online, fornecer serviços de tutoria e desenvolver conteúdos educativos a partir do conforto das suas casas. Este capítulo explora as diversas funções disponíveis neste campo, as vantagens da educação à distância e as estratégias para o sucesso num ambiente de aprendizagem virtual.

Funções de elevada procura na educação e formação

Instrutores em linha: Os instrutores em linha leccionam cursos através de plataformas virtuais, abrangendo uma vasta gama de assuntos, desde disciplinas académicas a competências profissionais. Utilizam aulas em vídeo, módulos interactivos e fóruns de discussão para envolver os alunos. Plataformas como a Coursera, a Udemy e a Khan Academy oferecem inúmeras oportunidades para os educadores conceberem e ministrarem cursos em linha para um público global.

Tutores: Os tutores online fornecem instruções personalizadas a alunos de todas as idades, ajudando-os em matérias específicas, na preparação para testes ou no desenvolvimento de competências. Os tutores podem trabalhar de forma independente ou através de plataformas de tutoria como Chegg, Wyzant e Tutor.com. Realizam sessões individuais ou em pequenos grupos utilizando ferramentas de videoconferência, quadros brancos interactivos e software educativo.

Programadores de currículos: Os programadores de currículos criam conteúdos educativos e materiais de aprendizagem para cursos online, escolas e programas de formação. Concebem planos de aulas, avaliações e recursos multimédia para melhorar a experiência de aprendizagem. Os programadores de currículos remotos colaboram com educadores, designers instrucionais e especialistas na matéria para criar conteúdos educativos cativantes e eficazes.

Formadores de empresas: Os formadores empresariais fornecem programas de desenvolvimento profissional e de formação para funcionários de vários sectores. Desenvolvem e ministram workshops, webinars e módulos de e-learning para melhorar as competências e os conhecimentos dos colaboradores. Os formadores empresariais remotos utilizam sistemas de gestão da aprendizagem (LMS) e ferramentas de reunião virtual para realizar sessões de formação e acompanhar o progresso dos colaboradores.

Vantagens da educação e formação à distância

Alcance global: O ensino à distância permite aos educadores chegar a um público diversificado e global, quebrando as barreiras geográficas. Este alcance alargado oferece oportunidades para ensinar alunos de diferentes origens culturais e necessidades de aprendizagem, enriquecendo a experiência educativa tanto para os professores como para os alunos.

Flexibilidade e comodidade: O ensino à distância oferece flexibilidade e conveniência para educadores e alunos. Os instrutores podem definir os seus horários, ensinar a partir de qualquer local e equilibrar o trabalho com os compromissos pessoais. Os alunos também beneficiam da capacidade de aceder a cursos e programas de formação ao seu próprio ritmo, encaixando a educação nas suas vidas ocupadas.

Custo-eficácia: O ensino em linha reduz os custos associados às salas de aula tradicionais, como as deslocações, a manutenção das salas de aula e os materiais impressos. Os educadores e as organizações de formação podem transferir estas poupanças para os alunos, tornando a educação mais económica e acessível.

Acesso a tecnologia avançada: Os educadores e formadores à distância podem tirar partido da tecnologia avançada para melhorar a experiência de aprendizagem. Ferramentas como salas de aula virtuais, simulações interactivas e recursos multimédia envolvem os alunos e facilitam um ensino eficaz. A tecnologia também permite que os educadores acompanhem o progresso dos alunos e forneçam feedback personalizado.

Aprendizagem ao longo da vida: O aumento do ensino em linha apoia a tendência de aprendizagem ao longo da vida, permitindo que os indivíduos actualizem continuamente as suas competências e conhecimentos. Os educadores à distância desempenham um papel crucial na oferta de oportunidades educativas contínuas, ajudando os formandos a manterem-se competitivos no mercado de trabalho e a adaptarem-se às mudanças do sector.

Estratégias para o sucesso na educação e formação à distância

Desenvolver conteúdos cativantes: A criação de conteúdos envolventes e interactivos é fundamental para o sucesso do ensino em linha. Utilize elementos multimédia como vídeos, questionários e exercícios interactivos para manter os alunos envolvidos. Incorpore exemplos do mundo real e aplicações práticas para tornar o material relevante e interessante.

Dominar as ferramentas de ensino em linha: Familiarize-se com as várias ferramentas e plataformas de ensino em linha para proporcionar um ensino eficaz. Aprenda a utilizar software de videoconferência, LMS e ferramentas de criação de conteúdos para melhorar o seu ensino. O desenvolvimento profissional contínuo na integração de tecnologia é essencial para se manter atualizado e melhorar as suas competências.

Comunicação eficaz: Uma comunicação clara e eficaz é crucial num ambiente de aprendizagem à distância. Estabeleça canais de comunicação regulares com os alunos através de correio eletrónico, fóruns de discussão e horário de atendimento virtual. Forneça feedback e apoio atempados para ajudar os alunos a manterem-se no caminho certo e motivados.

Construir uma forte presença online: Estabelecer uma forte presença online através das redes sociais, redes profissionais e plataformas educativas pode ajudar a atrair estudantes e a construir a sua reputação como educador. Partilhe conteúdos valiosos, interaja com o seu público e participe em comunidades online relacionadas com a sua área.

Melhoria contínua: Procure continuamente obter feedback dos alunos e dos colegas para melhorar os seus métodos de ensino e conteúdos. Mantenha-se atualizado com as últimas tendências em educação e formação e invista no seu desenvolvimento profissional. Participe em workshops, webinars e conferências em linha para melhorar os seus conhecimentos e competências.

Promover um ambiente de aprendizagem inclusivo: Crie um ambiente de aprendizagem inclusivo e de apoio que satisfaça as diversas necessidades dos seus alunos. Utilize materiais acessíveis, providencie adaptações para diferentes estilos de aprendizagem e promova uma cultura de respeito e colaboração. Incentive a participação dos alunos e crie oportunidades de interação entre pares.

Discutir formas de os homens tirarem partido das suas competências e conhecimentos especializados no espaço de trabalho virtual

Para serem bem sucedidos no trabalho à distância, os homens podem tirar partido das suas competências e conhecimentos existentes, adaptando-se simultaneamente às exigências específicas do espaço de trabalho virtual. Eis algumas estratégias para maximizar o sucesso em funções remotas:

Construir uma presença online forte: Criar uma presença profissional online através de plataformas como o LinkedIn pode ajudar os homens a mostrar as suas competências, experiência e realizações. A atualização regular dos perfis com projectos, certificações e endossos relevantes pode atrair potenciais empregadores e clientes.

Desenvolver competências digitais: A familiaridade com ferramentas e plataformas digitais é essencial para o trabalho remoto. Os homens devem investir tempo na aprendizagem e no domínio de ferramentas relevantes para a sua área, tais como software de gestão de projectos, ferramentas de colaboração e aplicações específicas do sector. Manter-se atualizado com os avanços tecnológicos garante eficiência e competitividade no espaço de trabalho remoto.

Melhorar as capacidades de comunicação: A comunicação eficaz é crucial num ambiente de trabalho remoto. Os homens devem concentrar-se em melhorar as suas capacidades de comunicação escrita e verbal para transmitir ideias com clareza e colaborar eficazmente com os membros da equipa. A utilização proficiente de ferramentas de videoconferência, correio eletrónico e mensagens instantâneas pode ajudar a manter relações profissionais sólidas e a simplificar os fluxos de trabalho dos projectos.

Abrace a flexibilidade e a adaptabilidade: O trabalho à distância exige frequentemente a adaptação a diferentes fusos horários, horários de trabalho e necessidades dos clientes. Os homens devem cultivar a flexibilidade e a adaptabilidade para enfrentar estes desafios. Estar aberto a ajustar as horas e os métodos de trabalho pode aumentar a produtividade e a satisfação no trabalho.

Concentre-se na aprendizagem contínua: Manter-se competitivo no mercado de trabalho à distância implica uma aprendizagem contínua e o desenvolvimento de competências. Os homens podem frequentar cursos em linha, certificações e oportunidades de desenvolvimento profissional para expandir os seus conhecimentos e competências. Manter-se a par das tendências do sector e das tecnologias emergentes garante relevância e abre novas oportunidades de carreira.

Fornecer informações sobre os sectores que registam um crescimento significativo do emprego à distância

Vários sectores estão a registar um crescimento significativo do emprego à distância, oferecendo oportunidades promissoras para os homens. A compreensão destes sectores pode ajudar os homens a identificar e a seguir carreiras à distância gratificantes.

Tecnologia e serviços de TI: O sector da tecnologia continua a ser um dos principais impulsionadores do crescimento do trabalho à distância. As empresas de desenvolvimento de software, cibersegurança, computação em nuvem e consultoria de TI estão a adotar cada vez mais modelos de trabalho à distância. A procura de talentos tecnológicos continua a ser elevada, proporcionando amplas oportunidades para funções remotas de desenvolvimento, apoio e inovação.

Comércio eletrónico e marketing digital: O aumento das compras online e do marketing digital conduziu a um aumento das oportunidades de emprego à distância. As empresas de comércio eletrónico necessitam de profissionais para funções de desenvolvimento Web, marketing digital, apoio ao cliente e análise de dados. Os homens com experiência em SEO, marketing de redes sociais e plataformas de comércio eletrónico podem encontrar numerosos postos de trabalho à distância nesta indústria em rápido crescimento.

Cuidados de saúde e telemedicina: O sector da saúde adoptou o trabalho à distância através da telemedicina e da tecnologia da saúde. As funções à distância neste sector incluem prestadores de serviços de telessaúde, codificadores médicos, consultores de cuidados de saúde e especialistas em TI para a saúde. A mudança para serviços de saúde virtuais oferece flexibilidade e acesso a uma vasta gama de opções de carreira.

Finanças e Fintech: O sector financeiro está a evoluir com a adoção de soluções fintech e serviços remotos. As funções remotas em empresas de fintech, como analistas financeiros, programadores de blockchain e responsáveis pela conformidade, estão a aumentar. A integração da tecnologia nas finanças cria oportunidades de trabalho à distância dinâmicas e inovadoras.

Educação e aprendizagem em linha: A procura de educação em linha tem crescido significativamente, criando oportunidades remotas para educadores, designers de instrução e criadores de conteúdos. Os homens com experiência em várias disciplinas podem lecionar cursos online, desenvolver materiais educativos e fornecer tutoria virtual, contribuindo para a expansão do campo da aprendizagem online.

Consultoria e serviços profissionais: O sector da consultoria adaptou-se bem ao trabalho remoto, com empresas que oferecem serviços de consultoria virtual em gestão, estratégia, recursos humanos e marketing. A consultoria remota permite que os profissionais trabalhem com diversos clientes e sectores, fornecendo ideias e soluções estratégicas a partir de qualquer parte do mundo.

Em conclusão, o trabalho à distância oferece uma vasta gama de oportunidades para os homens em vários sectores. Tirando partido das suas competências, adaptando-se ao espaço de trabalho virtual e explorando sectores em crescimento, os homens podem construir carreiras à distância bem sucedidas e gratificantes. Abraçar a flexibilidade e a diversidade do trabalho à distância não só melhora as perspectivas de carreira individuais, como também contribui para uma força de trabalho mais dinâmica e inclusiva.

Capítulo 5: Capacitar as mulheres no trabalho à distância

O aumento do trabalho à distância criou uma plataforma única para as mulheres se destacarem profissionalmente, ao mesmo tempo que equilibram os seus compromissos pessoais. Este capítulo explora percursos de carreira à distância que se alinham com os interesses e pontos fortes das mulheres, fornece estratégias para negociar uma remuneração justa e oportunidades de progressão e aborda as barreiras que as mulheres enfrentam frequentemente no ambiente de trabalho à distância.

Destacar as carreiras à distância para as mulheres

O trabalho à distância oferece diversas oportunidades que se alinham com os variados interesses e pontos fortes das mulheres. Eis alguns domínios proeminentes onde as mulheres podem prosperar:

Escrita e criação de conteúdos: As mulheres com talento para contar histórias e comunicar podem destacar-se em funções de redação e criação de conteúdos. Estes cargos incluem escrita freelance, blogues, marketing de conteúdos e escrita técnica. Plataformas como o Medium, Substack e LinkedIn oferecem oportunidades para as mulheres mostrarem as suas capacidades de escrita, criarem seguidores e gerarem rendimentos através do seu trabalho.

Design e artes criativas: O domínio criativo é outra área em que as mulheres podem tirar partido dos seus talentos artísticos. O design gráfico, o web design, o design UX/UI e a ilustração são carreiras remotas muito populares. Ferramentas como o Adobe Creative Suite, o Canva e o Figma permitem aos designers criar trabalhos de alta qualidade em qualquer lugar. Mercados em linha como o Etsy e o Society6 permitem às mulheres vender os seus produtos criativos diretamente aos consumidores.

Assistência virtual e apoio administrativo: Os assistentes virtuais (VAs) prestam apoio administrativo a empresas e empresários à distância. Esta função inclui tarefas como gestão de correio eletrónico, agendamento, introdução de dados e atendimento ao cliente. A assistência virtual é ideal para mulheres organizadas, orientadas para os pormenores e que dominam as ferramentas digitais. Websites como Upwork, Fiverr e Time Etc. oferecem inúmeras oportunidades para os VAs encontrarem clientes.

Educação e tutoria: As mulheres com conhecimentos em matérias específicas podem seguir carreiras na área do ensino e das explicações em linha. As funções de ensino vão desde a criação e disponibilização de cursos em linha até à prestação de sessões de tutoria individuais. Plataformas como VIPKid, Coursera e Teachable permitem que os educadores alcancem um público global e contribuam para iniciativas de aprendizagem ao longo da vida.

Coaching de Saúde e Bem-Estar: A indústria da saúde e do bem-estar abraçou o trabalho remoto, com oportunidades para as mulheres se tornarem treinadoras de fitness, nutricionistas e conselheiras de saúde mental. Estas funções envolvem frequentemente o fornecimento de orientação personalizada através de sessões virtuais, a criação de programas de bem-estar e o apoio aos clientes para que atinjam os seus objectivos de saúde. Sites como BetterHelp e MyFitnessPal oferecem plataformas para profissionais de saúde remotos.

Estratégias para as mulheres negociarem uma remuneração justa e oportunidades de progressão

A negociação de uma remuneração justa e a procura de oportunidades de progressão são cruciais para o crescimento da carreira em cargos remotos. Eis algumas estratégias para ajudar as mulheres a navegar neste processo:

Pesquisa e análise comparativa: Antes de iniciar as negociações salariais, efectue uma pesquisa exaustiva para compreender as taxas de mercado para a sua função e sector. Utilize recursos como Glassdoor, Payscale e inquéritos salariais específicos do sector para comparar a remuneração pretendida com os padrões actuais. Esta informação fornecerá uma base sólida para a sua negociação.

Destacar realizações: Exponha claramente as suas competências, experiência e realizações durante as negociações. Prepare um portfólio ou currículo que destaque as suas contribuições, projectos e quaisquer resultados mensuráveis que tenha alcançado. Demonstrar o seu valor para a organização fortalece o seu caso para uma maior compensação e progressão.

Técnicas de negociação: Desenvolva fortes competências de negociação praticando técnicas como enquadrar os seus pedidos de forma positiva, ser assertivo mas respeitoso e centrar-se nos benefícios mútuos. Pense em negociar não só o salário, mas também outros aspectos da remuneração, como bónus, horários de trabalho flexíveis e oportunidades de desenvolvimento profissional.

Procurar mentores e estabelecer uma rede de contactos: A criação de uma rede de mentores e colegas pode proporcionar orientação e apoio valiosos. Procure mentores que tenham experiência de negociação e de progressão nas suas carreiras. Participe em redes profissionais, comunidades em linha e eventos do sector para expandir as suas ligações e aprender com as experiências dos outros.

Aprendizagem contínua e desenvolvimento de competências: Invista no seu desenvolvimento profissional adquirindo novas competências e certificações relevantes para a sua área. Cursos online, workshops e webinars podem melhorar os seus conhecimentos e torná-lo mais competitivo no mercado de trabalho. É mais provável que os empregadores ofereçam uma remuneração mais elevada e oportunidades de progressão a indivíduos que demonstrem um empenho na melhoria contínua.

Abordar as barreiras enfrentadas pelas mulheres em trabalho remoto

Apesar das vantagens do trabalho remoto, as mulheres enfrentam frequentemente desafios únicos, incluindo responsabilidades de prestação de cuidados e preconceitos inconscientes. Eis algumas estratégias para ultrapassar estas barreiras:

Equilibrar as responsabilidades de prestação de cuidados: As mulheres são frequentemente as principais prestadoras de cuidados, o que pode afetar a sua capacidade de se concentrarem no trabalho. Para gerir eficazmente estas responsabilidades, estabeleça limites claros entre o trabalho e o tempo pessoal. Crie um horário que atribua tempos específicos ao trabalho e à prestação de cuidados e comunique esses limites aos membros da família. Utilize ferramentas de produtividade e técnicas de gestão do tempo para se manter organizado e eficiente.

Aproveitar os sistemas de apoio: Construir um sistema de apoio que inclua familiares, amigos e redes profissionais. Partilhe as tarefas de prestação de cuidados com parceiros ou familiares para distribuir a carga de trabalho de forma mais equilibrada. Considere juntar-se a grupos de apoio online para mães trabalhadoras ou prestadores de cuidados, onde pode partilhar experiências e obter conselhos sobre como equilibrar as responsabilidades.

Abordar o preconceito inconsciente: O preconceito inconsciente pode afetar as oportunidades e o tratamento das mulheres no local de trabalho. Sensibilize para os preconceitos, participando ou organizando sessões de formação e debates na sua organização. Defenda políticas que promovam a diversidade e a inclusão, como processos de recrutamento cegos e métricas de diversidade. Se se deparar com preconceitos, documente as suas experiências e procure o apoio dos RH ou de um mentor de confiança.

Promover a igualdade de género: Apoiar iniciativas que promovam a igualdade de género em ambientes de trabalho remoto. Incentive a sua organização a implementar políticas favoráveis à família, tais como horários de trabalho flexíveis, licença parental e apoio a cuidados infantis. Defenda a igualdade de remuneração e de oportunidades para as mulheres em todos os níveis da organização.

Auto-advocacia e confiança: Capacite-se desenvolvendo a confiança e as competências de auto-advocacia. Pratique a comunicação assertiva e a auto-promoção para garantir que as suas contribuições são reconhecidas. Procure feedback de colegas e mentores para identificar áreas de crescimento e melhoria.

Conclusão

Capacitar as mulheres no trabalho à distância implica reconhecer e potenciar os seus pontos fortes, negociar uma compensação justa e ultrapassar as barreiras que podem impedir o seu sucesso. As carreiras remotas nos domínios da escrita, design, assistência virtual, educação e saúde e bem-estar oferecem inúmeras oportunidades para as mulheres se destacarem. Ao empregar estratégias de negociação eficazes, criar sistemas de apoio, lidar com preconceitos inconscientes e promover a igualdade de género, as mulheres podem prosperar no ambiente de trabalho à distância. A adoção destas estratégias não só irá melhorar o crescimento da carreira individual, mas também contribuir para uma força de trabalho mais inclusiva e equitativa.

Conclusão: Abraçar a liberdade do trabalho remoto

O advento do trabalho remoto inaugurou uma nova era de emprego, desafiando as noções tradicionais e abrindo portas para oportunidades sem precedentes. Ao concluirmos esta exploração do trabalho à distância, é essencial refletir sobre o seu poder transformador e o potencial que encerra para as pessoas que procuram equilíbrio, flexibilidade e realização nas suas carreiras e vidas. O trabalho remoto quebrou barreiras geográficas, permitindo que as pessoas trabalhem virtualmente em qualquer lugar do mundo. Libertou os profissionais dos limites do escritório tradicional e deu-lhes a liberdade de conceberem os seus ambientes de trabalho de acordo com as suas preferências e necessidades. A flexibilidade e a autonomia inerentes ao trabalho remoto permitem aos indivíduos criar estilos de vida que dão prioridade à harmonia e ao bem-estar, promovendo uma abordagem mais saudável e sustentável ao trabalho.

À medida que abraçamos a liberdade do trabalho remoto, é importante reconhecer e aproveitar a multiplicidade de oportunidades que ele oferece. Quer se trate de uma carreira na escrita, no design, na educação ou em qualquer outra área, o trabalho à distância permite que os indivíduos aproveitem os seus talentos e paixões a uma escala global. Incentiva a criatividade, a inovação e a colaboração além-fronteiras, impulsionando o progresso e a prosperidade em diversos sectores e comunidades. Para aproveitar plenamente a liberdade do trabalho remoto, é crucial cultivar uma mentalidade de adaptabilidade, resiliência e aprendizagem contínua. A paisagem remota é dinâmica e está em constante evolução, apresentando desafios e oportunidades ao longo do caminho. Mantendo a mente aberta e proactiva, os indivíduos podem navegar pelas complexidades do trabalho à distância e traçar um rumo para a realização pessoal e profissional.

Para concluir, encorajo os leitores a abraçar a flexibilidade, a autonomia e as oportunidades que o trabalho remoto oferece. Aproveitem a liberdade de conceber a vossa carreira e estilo de vida à vossa maneira, dando prioridade à harmonia, ao bem-estar e à realização. Abrace o poder transformador do trabalho à distância à medida que embarcamos nesta viagem de redefinição da forma como trabalhamos, vivemos e prosperamos na era digital. Juntos, vamos construir um futuro onde o trabalho não tem fronteiras e as possibilidades são ilimitadas.

Referências :

Allen T (2001) Family supportive work environments: The role of organizational perceptions. *Journal of Vocational Behavior* 58(3): 414-435.

Anderson S, Coffey B, Byerly R (2002) Formal organizational initiatives and informal workplace practices: Links to work-family conflict and job-related outcomes. *Journal of Management* 28(6): 787-810.

Antonioni D (1996) Two strategies for responding to stressors: Gerir conflitos e clarificar as expectativas de trabalho. *Journal of Business and Psychology* 11(2): 287-295.

Arthur S, Nazroo J (2003) Conceber estratégias e materiais de trabalho de campo. In: Ritchie J, Lewis J (eds) *Qualitative Research Practice.* Londres: SAGE.

Benner P, Tanner C, Chesla C (1996) *Expertise in Nursing Practice.* New York: Springer.

Berg J, Wrzesniewski A, Dutton J (2010a) Perceiving and responding to challenges in job crafting at different ranks: When proactivity requires adaptivity. *Journal of Organizational Behavior* 31: 158-186.

Berg J, Grant A, Johnson V (2010b) When callings are calling: Crafting work and leisure in pursuit of unanswered occupational calls. *Organization Science* 21(5): 973-994.

Blair-Loy M, Wharton A (2004) Organizational commitment and constraints on work-family policy use: Corporate flexibility policies in a global firm. *Sociological Perspectives* 47(3): 243-267.

Breaugh J, Frye N (2008) Work-family conflict: The importance of family-friendly employment practices and family-supportive supervisors. *Journal of Business and Psychology* 22: 345-353.

Campbell Clark S (2000) Work-family border theory: A new theory of work-life balance. *Human Relations* 53(6): 747-770.

Cassell C, Symon G (1994) Qualitative research in work contexts (Investigação qualitativa em contextos de trabalho). In: Cassell C, Symon G (eds) *Qualitative Methods in Organizational Research*. Londres: SAGE.

Cohen R, Sutton R (1998) Clients as a source of enjoyment on the job: How hairstylists shape demeanor and personal disclosure. In: Wagner J (ed.) *Advances in Qualitative Organization Research*. Greenwich, CT: JAI Press.

Dex S, Scheibl F (1999) The business case for family-friendly policies. *Journal of General Management* 24(4): 22-37.

Eaton S (2003) If you can use them: Flexibility policies organizational commitment and perceived performance. *Industrial Relations* 42: 145-167.

yes
I want morebooks!

Buy your books fast and straightforward online - at one of world's fastest growing online book stores! Environmentally sound due to Print-on-Demand technologies.

Buy your books online at
www.morebooks.shop

Compre os seus livros mais rápido e diretamente na internet, em uma das livrarias on-line com o maior crescimento no mundo! Produção que protege o meio ambiente através das tecnologias de impressão sob demanda.

Compre os seus livros on-line em
www.morebooks.shop

info@omniscriptum.com
www.omniscriptum.com

Printed by Books on Demand GmbH, Norderstedt / Germany